Amborish Das

Perceção dos habitantes das margens do rio - Um estudo ao longo do rio Kunur, WB, Índia

Amborish Das

Perceção dos habitantes das margens do rio - Um estudo ao longo do rio Kunur, WB, Índia

ScienciaScripts

Imprint
Any brand names and product names mentioned in this book are subject to trademark, brand or patent protection and are trademarks or registered trademarks of their respective holders. The use of brand names, product names, common names, trade names, product descriptions etc. even without a particular marking in this work is in no way to be construed to mean that such names may be regarded as unrestricted in respect of trademark and brand protection legislation and could thus be used by anyone.

Cover image: www.ingimage.com

This book is a translation from the original published under ISBN 978-3-659-87732-2.

Publisher:
Sciencia Scripts
is a trademark of
Dodo Books Indian Ocean Ltd. and OmniScriptum S.R.L publishing group

120 High Road, East Finchley, London, N2 9ED, United Kingdom
Str. Armeneasca 28/1, office 1, Chisinau MD-2012, Republic of Moldova, Europe
Managing Directors: Ieva Konstantinova, Victoria Ursu
info@omniscriptum.com

Printed at: see last page
ISBN: 978-620-3-24799-2

Índice:

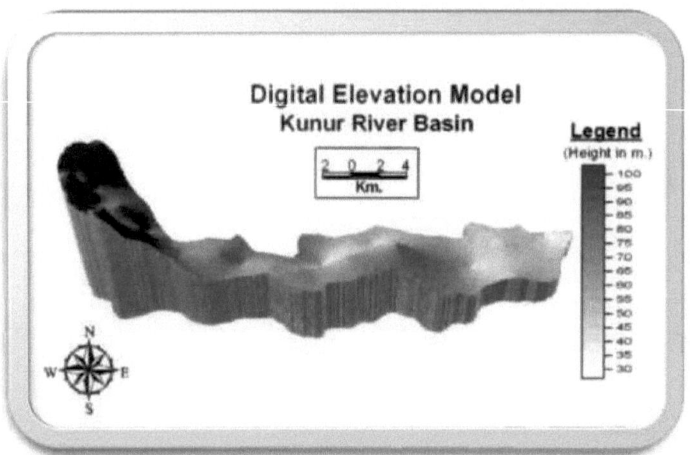
Digital Elevation Model
Kunur River Basin
2 0 2 4
Km.
Legend
(Height in m.)
100
95
90
85
80
75
70
65
60
55
50
45
40
35
30
N
W E
S

BY

Amborish Das

Bolseiro de investigação

Departamento de Geografia, Visva-Bharati,

Santiniketan-731235, Bengala Ocidental

Índia

आचार्य
श्री नरेंद्र मोदी

ACHARYA (CHANCELLOR)
SHRI NARENDRA MODI

उपाचार्य
प्रो. सुशान्त दत्तगुप्त

UPACHARYA (VICE-CHANCELLOR)
PROF. SUSHANTA DATTAGUPTA

विश्वभारती

VISVA-BHARATI
(Established by the Parliament of India under
Visva-Bharati Act XXIX of 1951
Vide Notification No. : 40-5/50 G.9 Dt. 14 May, 1951)

संस्थापक
रवीन्द्रनाथ ठाकुर

FOUNDED BY
RABINDRANATH TAGORE

शान्तिनिकेतन – 731235
SANTINIKETAN – 731235
जि.बीरभूम, पश्चिम बंगाल, भारत
DIST. BIRBHUM, WEST BENGAL, INDIA
फोन Tel. +91-3463-262 451/261 531
फैक्स Fax: +91-3463-262 672
ई-मेल E-mail: visva-bharati@visva-bharati.ac.in
Website: www.visva-bharati.ac.in

सं./No. ____________

दिनांक/Date ____________

PREFÁCIO

Para compreender **o que** significa a PERCEPÇÃO DOS MORADORES DO RIVER BANK - A Study Along Kunur River, West Bengal, India, os estudantes e investigadores têm de desenvolver uma base de competências de comunicação e uma compreensão dos elementos-chave críticos para a realização do estudo geográfico de Kunur. O meu querido aluno, Amborish Das, escreveu este livro para fornecer um enquadramento para a aprendizagem destas competências necessárias de uma forma que enfatize a singularidade do estudo físico e socioeconómico do rio **Kunur**.

Ao escrever este texto, ele tinha três objectivos principais:

• **Exatidão** Este livro é **o** resultado de um trabalho de campo intensivo, da consulta de mapas da literatura e de uma boa acumulação de dados primários e secundários com a ajuda de técnicas avançadas. É importante ensinar aos nossos alunos competências baseadas na investigação, tanto no domínio da comunicação como noutras disciplinas relacionadas.

• **Simulação da experiência de grupo**

• **Uma abordagem estruturada** O autor definiu a comunicação de grupo **em** termos de cinco elementos-chave que podem ser **utilizados** para avaliar a eficácia do grupo

A Índia é um país ribeirinho e o rio está muito ligado à vida indiana desde os tempos antigos. Atualmente, a bacia hidrográfica é considerada como a unidade de planeamento ou a região de planeamento. Como **sabemos**, cada região tem a sua própria tradição, costume, cultura, crença, organização social, integração social e cultural, actividades económicas, etc. O padrão de vida é muito esculpido pelo rio vizinho, pelo **que** o rio ocupou uma grande parte da literatura indiana. O autor dá também alguns exemplos. Neste trabalho, o autor tenta descobrir o grau de **relação** entre os habitantes das margens e o **rio**, bem como a glória local da bacia relacionada com o rio. O autor também tenta descobrir as caraterísticas básicas do pensamento dos habitantes das margens do rio em relação ao rio.

Para este trabalho, o autor considerou como área de estudo a bacia do rio Kunur, situada no distrito de Burdwan, em Bengala Ocidental, na Índia. Para realizar o trabalho, o autor efectuou um inquérito de campo intensivo e **também** utilizou dados secundários de diferentes fontes. O autor utiliza algumas técnicas quantitativas fantásticas para compreender a natureza e o comportamento do povoamento na bacia hidrográfica em causa, tais como o ponto de gravidade ou o ponto médio de povoamento, a concentração do povoamento ao longo **da margem** do rio, a frequência do povoamento, etc.

Por fim, Amborish apresenta a sua conclusão, que é muito **notável**, onde diz que o rio é até agora muito significativo na nossa vida, embora muitas pessoas queiram utilizar o rio sem lhe dar a sua mão amiga, **mas** também existem pessoas que pensam no seu rio e o amam de coração, **o que** deve ser considerado o principal objetivo no mundo contemporâneo para o desenvolvimento sustentável, bem como para a sobrevivência do nosso ambiente.

O autor conseguiu apresentar bem o seu trabalho. O estudo das condições socioeconómicas e do impacto ambiental, em particular, **revelou** a realidade da vivacidade da humanidade. Por último, vale a pena referir que estes estudos a nível **micro** são necessários para compreender vários aspectos relacionados com a povoação baseada no **rio** Kunur.

Professor Associado G.C. Debnath

Departamento de Geografia, **Vidya** Bhavana, Visva

Bharati, Santiniketan

Agradecimentos

I wish to faithful acknowledge my deep confidence to my supervisor Prof. Malay Mukhopadhyay, Dept. of Geography, Visva-Bharati, Santiniketan for the direction in completion of the field study or dissertation submitted for the degree of master in arts of geography.

I would like to give special thanks to Dr. Swades Pal and Surajit Let for their kind co-operation not only in the collection of data and relevant information but also to complete the entire field survey.

I will be failing in my duty if I don't express thanks to all the inhabitants of the study area for their kind cooperation because their assistance strongly helped me to complete the total field survey.

I would like to thank Prof. Umasankar Malik, Head of the Department of Geography for allowing me to submit this work.

I would like to express my special thanks of gratitude to Dr. Prolay Mondal, Assistant Professor, Geography Dept., Raiganj University, Raiganj, Uttar Dinajpur who gave me invaluable guidance, keen interest and encouragement for the publication of this work.

I also thank to my classmates for their kind helpful cooperation in all the aspects, without all effort together the report would have been an impossible work.

Amborish Das

Capítulo 1

INTRODUÇÃO

Este capítulo inclui

> **Localização da área de estudo**

> **Objectivos do estudo,**

> **Metodologia &**

> **Vista geral da zona**

1.1. Introdução:

A Índia é um país ribeirinho. Existem muitas massas de água no território indiano. Hoje em dia, as bacias hidrográficas são consideradas como unidades de planeamento. Cada região tem a sua própria tradição, costume, cultura, crença, organização social, integração social e cultural, actividades económicas, etc. O padrão do capuz vivo é muito esculpido pelo rio vizinho. Por vezes torna-se amigo e outras vezes torna-se a causa de agonia, neste contexto podemos citar a frase

"Ajoy node Ban dekeche

Ghor bari sab toliye geche"

Outro poema notável relacionado com o rio e a vida social...

"Tapur tupur bristi pare

Nó elo ban

Sib thakurer biye habe

Tin konye dan..."

Assim, o rio está muito ligado à vida indiana.

O planeador deve ter um conhecimento precioso sobre o comportamento cultural local, as práticas e os costumes tradicionais para gerar um plano adequado para o desenvolvimento global sem prejudicar a ecologia e a identidade local, o que será sustentável e significativo também para os habitantes das margens do rio. Kunur é um afluente da margem direita do rio Ajoy que foi selecionado para o estudo, tendo sido selecionadas seis aldeias para o estudo de caso.

1.2. Localização do rio Kunur:

A Índia é um dos países mais importantes do ponto de vista fisiográfico e fluvial, enquanto Bengala Ocidental é também importante neste domínio. A minha área de estudo, a bacia do rio Kunur, situa-se geograficamente entre 23°25'50.4 "N. de latitude e 23°39'21 "N. de latitude e 87°16'26.4 "E. de longitude e 87°54'12.6 "E. de longitude, no distrito de Burdwan. A área total da bacia do rio Kunur é de cerca de 645 km2 . O rio corre na direção oeste-leste. Em geral, o comprimento total deste rio é de cerca de 112 km. O perímetro da bacia é de 174 km. A forma da bacia do rio Kunur é alongada e o padrão de drenagem tem um carácter quase dendrítico ou semi-dendrítico.

O rio corre desde a nascente até à confluência no distrito de Burdwan, em três esquadras de polícia: Fafidpur, Ausgram e Mongolkote, etc.

Esta é a panorâmica geral ou o aspeto da localização da bacia do rio Kunur no distrito de Burdwan, Bengala Ocidental, Índia.

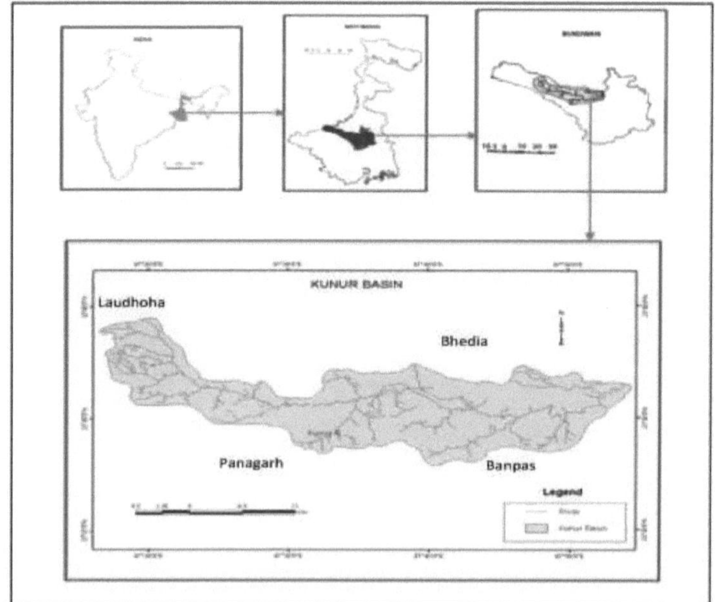

Fig:1.1 Mapa de localização da área de estudo

1.3. *Objectivos do estudo:*

Este estudo é uma tentativa de descobrir a relação entre os habitantes e o rio Kunur e a sua

interação. Os objectivos básicos deste estudo são

I. Conhecer o grau de relação entre os habitantes das margens e o rio.

II. Detetar a glória local da bacia que se relaciona com o rio.

III. Descobrir as caraterísticas básicas do modo de pensar dos habitantes das margens do rio

Kunur.

1.4. *Importância do estudo:*

O estudo sobre a "Perceção dos habitantes das margens" do rio tem alguma importância

básica para académicos, planeadores e pessoas comuns.

a) *No caso de um académico :*

I. Será fornecido conhecimento sobre o rio Kunur.

II. Também será fornecido ao académico conhecimento sobre as percepções locais dos

habitantes das margens, as suas caraterísticas e o seu enquadramento físico.

III. Ajudará também a compreender a relação homem-rio e o seu padrão de mudança desde a

nascente até ao ponto de confluência.

b) *No caso dos planeadores:*

I. O planeador pode utilizar esta base de dados (natureza e tendências da liquidação) para

efeitos de planeamento a nível micro.

II. Será ajudado a tomar medidas ou planos adequados para o desenvolvimento global da área

da bacia para os planeadores.

c) *No caso das pessoas comuns:*

I. As pessoas comuns podem ter uma ideia do comportamento dos habitantes das margens que

vivem em diferentes partes do rio.

II. Podem também ter uma ideia geral sobre o rio Kunur

1.5. *Base de dados:*

A área de estudo foi completada através da utilização de algumas bases de dados primárias e secundárias. Foram efectuados alguns levantamentos de campo básicos em diferentes partes da bacia do rio Kunur.

Os dados primários são recolhidos junto da população local e no terreno, utilizando alguns instrumentos como o nível de Abney para medir o declive da margem do rio e amostras de solo recolhidas para determinar a variação da textura do solo em ambas as margens do rio.

Tal como os dados primários, os dados secundários, ou seja, os dados climáticos, também foram recolhidos do manual estatístico do distrito de Burdwan para completar o meu trabalho. Também foram recolhidos do mapa topográfico do SOI e alguns livros foram utilizados para o conceito de erosão das margens dos rios e suas caraterísticas.

Metodologia:

Toda a metodologia deste trabalho de campo está dividida em três partes - a) pré-campo, b) campo e c) pós-campo.

Pré-campo: A secção pré-campo inclui estudos antes das interações no terreno. Aqui, em primeiro lugar, o mapa da bacia total do rio Kunur foi preparado com a ajuda das folhas topográficas n.º 73M/6, M/10. M/11,M/14, M/15 em ambiente GIS (ArcGIS 10.2 & Surfer). Para o efeito, todos os mapas topográficos são rectificados e, em seguida, a bacia é delimitada. Através do processo de digitalização, o mapa de base é preparado. Algumas outras técnicas são utilizadas para formular diferentes mapas da bacia em causa. Em seguida, foram selecionados alguns pontos/aldeias na bacia para o inquérito. Assim, foram selecionadas 6 aldeias/pontos em diferentes partes da bacia. Foi estudada a literatura relativa ao rio Kunur e à sua população no que respeita aos estudos de perceção humanística em geografia.

Campo: Esta secção inclui o levantamento de campo na bacia. Este inquérito foi efectuado desde a nascente até à foz do rio, com especial atenção para estes 6 locais. Durante este período, foi recolhida a perceção das pessoas relativamente ao rio Kunur e também foram recolhidas fotografias das margens do rio.

Placa: 1.1 Investigador com o aldeão, Jhanjra, perto da região fonte

Pós-campo: Na secção pós-campo, tanto a secção pré-campo como a secção de campo foram consideradas e analisadas. Em primeiro lugar, foram analisados os dados primários. Após a análise, estes dados foram tabulados. A partir desta tabulação, foram elaborados e interpretados diagramas. Por fim, é feita uma conclusão.

Capítulo 2

ANTECEDENTES FÍSICOS OU FÍSICO

CONFIGURAÇÃO

Neste capítulo, foram descritos os elementos físicos da bacia

descritos.

O contexto físico ou a configuração física de uma zona inclui a geologia, a fisiografia, as condições climáticas, a drenagem, o solo, a vegetação natural e outros aspectos afins. A singularidade de uma região depende da sua configuração física distinta.

2.1. Geologia:

A geologia é o estudo do interior da terra em termos da natureza e das caraterísticas dos geo-materiais, da inclinação dos estratos rochosos, da sua génese e evolução, etc. Tem uma grande influência nos processos geomorfológicos, na drenagem, no solo, na vegetação e na disponibilidade de material e de águas subterrâneas, também determinada pelo estado geológico da zona.

Geologicamente, a bacia do rio Kunur é caracterizada pela formação de aluviões do período Pleistocénico até tempos recentes. A parte ocidental desta bacia hidrográfica é caracterizada por formação arqueana e formação laterítica do período cretáceo.

As aluviões mais antigas ocupam as zonas mais elevadas, enquanto nas zonas baixas predominam as aluviões recentes.

Na parte superior da bacia hidrográfica do rio Kunur, a menos de 60 pés da superfície do solo, está presente uma camada de rocha dura e uma espessa camada de carvão, mas na parte inferior da bacia encontra-se uma espessa camada de solo argiloso. Este facto é conhecido pela população local.

As informações recolhidas junto da Direção Central de Águas Subterrâneas e do Departamento de Agricultura e Irrigação do Governo de Bengala Ocidental lançam alguma luz sobre o carácter geológico sub-superficial dos diferentes estratos da bacia do rio Kunur. A litologia de subsuperfície preparou algumas informações geológicas na área -

I. Os sedimentos terciários são constituídos por uma série espessa de argilas e areias lateríticas alternativas. A argila é de cor cinzenta clara e avermelhada. É raramente exposta na área em estudo e foi atribuída à época do Pleistoceno.

II. Sobrepondo-se aos sedimentos terciários, encontram-se os sedimentos quarternários mais antigos, marcados pelo leito de cascalho arenoso da zona de Illambazar.

III. Na parte inferior, ou seja, a formação Guskara e Mongolkote é composta por areia e argila (Das et.al. Quarternary deposit of Belan-Scoti-Valley V.P. India Coll 1977).

2.2. *Fisiografia:*

A fisiografia é a expressão da configuração da superfície de uma região. É o resultado da estrutura geológica e de diferentes tipos de processos endogenéticos e exogenéticos. A fisiografia de qualquer região inclui a altitude em relação ao nível médio do mar, a irregularidade da superfície, a natureza do declive, a forma e o tamanho das formas terrestres e o modo de origem e modificação através dos diferentes processos.

A caraterística do relevo desta bacia do rio Kunur é caracterizada por um trajeto mais ou menos plano. Topograficamente, a área não apresenta qualquer caraterística de terreno proeminente na parte inferior e média. Mas a parte superior é uma área de trato laterítico altamente ondulado. Esta área é quase uma planície nivelada e com ligeira ondulação, com um declive muito suave de oeste para leste. A análise do mapa topográfico revelará qualquer irregularidade topográfica, pelo que é necessário um estudo a um nível muito micro para descobrir a ligeira variação do carácter topográfico. A elevação geral da bacia superior desta bacia é de 100 mts, a média é de 80 ou 60 mts. e a inferior é de 40 mts. do nível médio do mar. Com base nesta variação, a área da bacia pode ser dividida em 3 partes, nomeadamente

a) Terreno plano elevado (acima de 60 mts.)

b) Terras planas onduladas (de 35 a 60 mts.)

c) Terras baixas (menos de 35 mts.)

A área de planície elevada encontra-se na parte ocidental desta bacia, onde a elevação geral é superior a 60 mts. de M.S.L. Na área de nível intermédio, a elevação varia de 35 a 60 mts. na parte média da bacia do rio Kunur. Para além disso, na planície de inundação de baixa altitude a elevação é inferior a 35 mts.

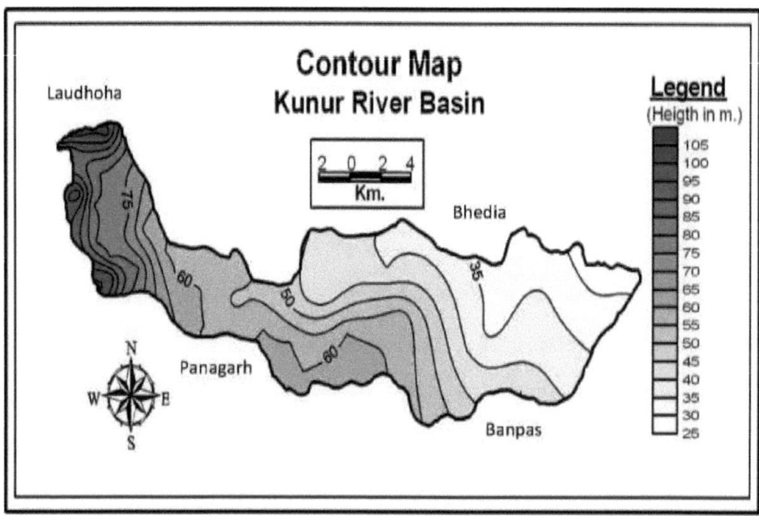

Fig: 2.1 Mapa de contorno da bacia do rio Kunur

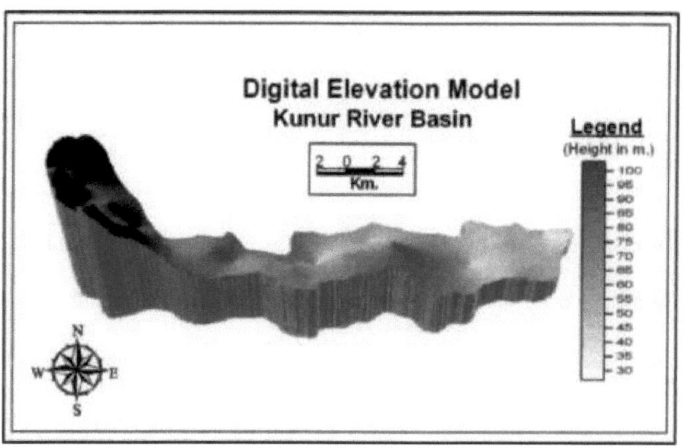

Fig: 2.2 Modelo digital de elevação da bacia do rio Kunur

2.3. *Clima:*

Globalmente, o clima da bacia hidrográfica do rio Kunur é do tipo subtropical húmido, com aridez sazonal entre março e o início de junho. De um modo geral, o verão é quente e a precipitação distribuída durante as estações das monções e o inverno é seco, o que faz com que as estações sejam bem marcadas. O inverno começa em meados de novembro e prolonga-se até ao final de fevereiro.

A estação de verão dura de março a maio, de junho a setembro é a estação das monções do sudoeste, outubro e a primeira metade de novembro constituem a estação pós-monção.

Durante o período quente do verão, ocorrem por vezes trovoadas, sobretudo durante a tarde. Estas trovoadas são causadas pelo intenso aquecimento local provocado pelo sol. Têm a sua origem no planalto de Chota-Nagpur e deslocam-se para a parte inferior de Bengala, pois vêm da direção noroeste, razão pela qual são designadas por "Norwesters", localmente conhecidas por "Kai Baisakhi".

Temperatura:

A temperatura é o parâmetro mais importante do clima. Há extremos de temperatura que prevalecem tanto no verão como no inverno. Durante o verão (abril-maio), a temperatura atinge o ponto culminante. maio é o mês mais quente, quando a temperatura atinge o seu ponto máximo. Em 2003, no mês de maio, a temperatura máxima foi de 43°C. A temperatura média mensal varia entre 37°C e 40°C, enquanto a temperatura mínima desce até 5°C. A humidade relativa também varia ao longo do ano. Em maio, varia entre 25% e 90%, enquanto no inverno varia entre 25% e 75% (Mukhopadhyay,M, Nandi,P. Projeto DST 2005. Departamento de Geografia, Visva-Bharati).

Precipitação:

Cerca de 90% da precipitação ocorre nesta área da bacia devido à monção do sudoeste e os restantes 10% ocorrem devido ao noroeste no verão e à perturbação ocidental durante o inverno. A precipitação média da área de estudo é de 1173 mm. Mas a quantidade pode variar consoante o ano, por exemplo, em 2001 e 2003 foi de 1277 mm e 1173 mm, respetivamente, mas em 1999, 2000 e 2002 foi de 1964 mm. 1839 mm. e 1516 mm. respetivamente. A precipitação máxima ou cerca de 80% da precipitação ocorre de junho a outubro. Na maior parte do ano, os meses de setembro ou outubro recebem a precipitação máxima devido ao recuo da monção. Os meses de novembro, dezembro, janeiro e fevereiro são caracterizados pela secura (District census handbook Burdwan

2003).

Quadro: 2.1 Precipitação mensal e temperatura média em 2003 (distrito de Burdwan)

	Precipitação em mm.	Temperatura em °c		
		Máximo.	Min.	Média
janeiro	0	26	5	15.5
fevereiro	29	33	14	23.5
março	54	37	15	26
abril	54	39	23	31
maio	67	43	24	33.5
junho	202	41	25	33
julho	215	34	26	30
agosto	155	35	26	30.5
setembro	112	34	25	29.5
outubro	274	33	23	28
novembro	2	32	13	25.5
dezembro	9	29	10	19.5

fonte: Departamento Meteorológico, Governo da Índia

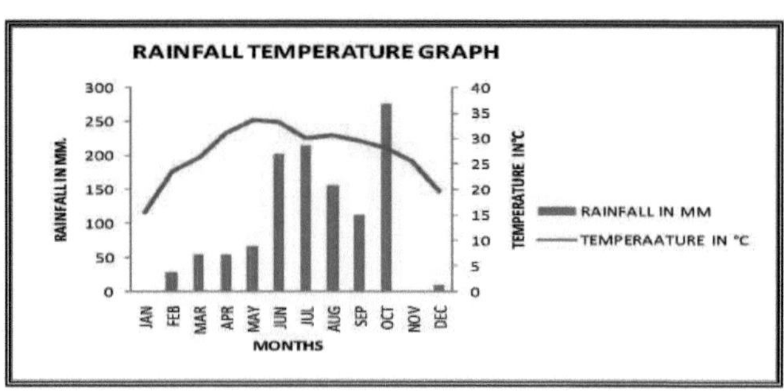

Fig: 2.3 Gráfico de precipitação e temperatura

2.4. Solo:

A bacia do rio Kunur cobre uma grande área e o carácter do solo varia muito ou muito. A parte superior desta bacia hidrográfica, especialmente a parte oriental de Rarh Bengal, é composta por solos lateríticos e, no leito do rio, encontramos por vezes solos de grandes dimensões, enquanto na parte média desta bacia encontramos principalmente solos de cor avermelhada com solos arenosos e, na parte próxima do rio, solos aluviais com argila rica, bem como na parte inferior ou no ponto de confluência do rio, o solo caracteriza-se por argila enegrecida, solo arenoso e solo de cor vermelha. Além disso, na parte inferior, encontram-se argila avermelhada, argila arenosa, etc.

2.5. *Vegetação natural:*

A vegetação é uma caraterística impressionante da região climática, bem como da serenidade endógena e ecológica. Na região de clima subtropical, a maior parte da vegetação é de natureza caducifólia. Geralmente, esta vegetação perde as suas folhas velhas durante o inverno e floresce com flores e ramos novos durante a primavera. Por conseguinte, a vegetação da bacia hidrográfica do rio Kunur, no seu conjunto, pertence ao tipo tropical seco e caducifólio, com a presença esporádica de espécies sempre verdes.

Devido à invasão da natureza pelo homem, a região florestal da bacia do rio Kunur foi convertida em terras agrícolas, embora algumas plantações artificiais tenham sido efectuadas com sucesso ao longo das margens do rio e nas bermas das estradas. As diferentes ou variadas espécies de vegetação encontradas na área de estudo são a Bahia, Tentul, Neem, Mango, Jam, Jackfruit, etc. com algumas espécies exógenas como Sonajhuri e Eucalyptus, etc.

2.6. *Drenagem:*

O rio Kunur é o canal de drenagem básico desta área de estudo. Nasce numa cavidade escavada ao lado da aldeia de Jhanjra, perto da esquadra de polícia de Ukhra, na parte ocidental do distrito de Burdwan. O seu leito é muito estreito no ponto de origem e varia entre a parte média e a parte baixa do rio. A bacia do rio Kunur é caracterizada por um grande número de pequenos afluentes que se fundem com este rio ao longo de ambas as margens, desde a nascente até à foz, por exemplo, na margem direita, Kandar nadi, Kandor nadi e Bagdob Nadi, etc., fundem-se com o rio Kunur na parte central da área de estudo. Este rio corre de oeste para leste devido à inclinação geral da massa terrestre.

É um rio não perene. Permanece seco durante o inverno e o início do verão. Mas na estação das chuvas, especialmente nos meses de junho e julho, provoca grandes inundações na parte inferior da bacia. Durante o inverno e o início do verão, o leito do rio não permanece seco continuamente, mas sim o fluxo sub-superficial e a água libertada para irrigação das indústrias DVC e Durgapur. Consequentemente, o leito do canal não permanece seco durante o verão.

Uma caraterística interessante do rio que se observa na área de estudo é o facto de ter um sistema de anabranching. Anabranch refere-se ao curso de água que se bifurca do curso principal e volta a juntar-se a ele a uma certa distância na parte média tardia desta bacia hidrográfica.

Por conseguinte, a área de estudo tem caraterísticas típicas, com uma massa de terra plana e elevada na parte superior e uma massa de terra plana na parte inferior desta área de estudo e inundada quase todos os anos.

Informações básicas sobre o rio Kunur:

A minha área de estudo situa-se no distrito de Burdwan. O meu trabalho de campo baseia-se na perceção dos habitantes das margens do rio Kunur, para além de estudar também a parte física deste rio. A forma geral da bacia hidrográfica do rio Kunur é alongada e com um padrão de drenagem dendrítico. Além disso, o comprimento do rio é de quase 112 km, desde o ponto de origem até à confluência (perto da aldeia de Mongolkote com o rio Ajoy). A área da bacia e o perímetro da bacia são de cerca de 645 km' e 174 km. de toda a bacia do rio Kunur.

O rio Kunur é o rio de ordem 5th. Foi determinado pelo método de ordenação de cursos de água de Strahller. Por conseguinte, estas são as informações básicas sobre o rio Kunur.

Capítulo 3

ALGUMAS ABORDAGENS QUANTITATIVAS

Neste capítulo, são utilizadas algumas técnicas quantitativas

principalmente para monitorizar a natureza e as tendências dos

assentamentos localizados na área da bacia do rio Kunur

Povoamento na bacia do rio Kunur:

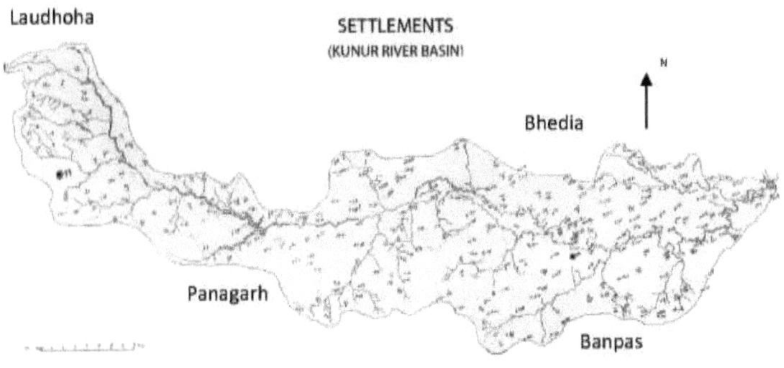

Fig: 3.1 Povoamento na bacia do rio Kunur

A área total da bacia do rio Kunur é de cerca de 645 km2 e existem mais ou menos 264 povoações

nos mapas topográficos (73M/6, 73M/7, 73M/10, 73M/11, 73M/14 e 73M/15). Entre estas povoações,

uma é uma cidade, Durgapur (sl. nº 77), situada na parte sudoeste da bacia superior, e uma é uma vila,

Guskara (sl. nº 172), situada na margem direita do rio, na região da bacia inferior. Para além destas,

duas outras povoações são identificadas como aldeias.

3.1. *Ponto de Gravidade ou Ponto Médio:*

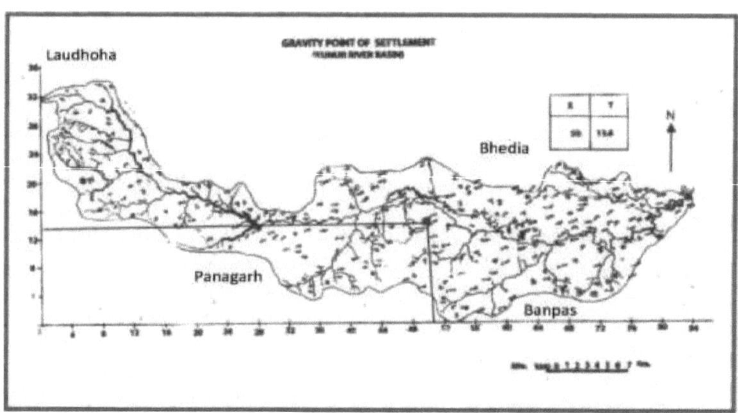

Fig: 3.2 Ponto de gravidade do assentamento

O ponto de gravidade ou ponto médio de assentamento é simplesmente o centro de assentamento ou o centro de gravidade de assentamento de uma determinada área.

Neste caso, calculei o ponto de gravidade do assentamento da bacia do rio Kunur através do seguinte método

Metodologia:

- Faz-se um quadrante ou desenha-se os eixos X e Y. De seguida, coloca-se a bacia de Kunur no quadrante.

- Os eixos X e Y estão divididos de acordo com a escala do mapa.

- Em seguida, recolhe-se o valor X e Y de cada povoação ou a localização de cada povoação individual em resposta aos eixos X e Y.

- Em seguida, calcula-se o valor médio de X e Y.

- O ponto médio é desenhado no mapa da bacia com a ajuda do valor médio calculado de X e Y em resposta aos eixos X e Y.

Interpretação:

Aqui podemos ver que o Ponto Médio ou Ponto de Gravidade da povoação na bacia do rio Kunur está localizado mais ou menos a meio da bacia e perto do rio (a menos de 2,5 km do rio).

Assim, a partir disso podemos entender claramente que o assentamento é uniformemente distribuído em toda a área da bacia desde a nascente até a foz que significa a topografia de toda a bacia hidrográfica mais ou menos semelhante na natureza que também se viu no momento do estudo de campo.

O ponto de gravidade está localizado mais perto do rio, o que indica a tendência da povoação para se estabelecer mais perto do rio.

3.2. Concentração de povoamento ao longo do rio Astride:

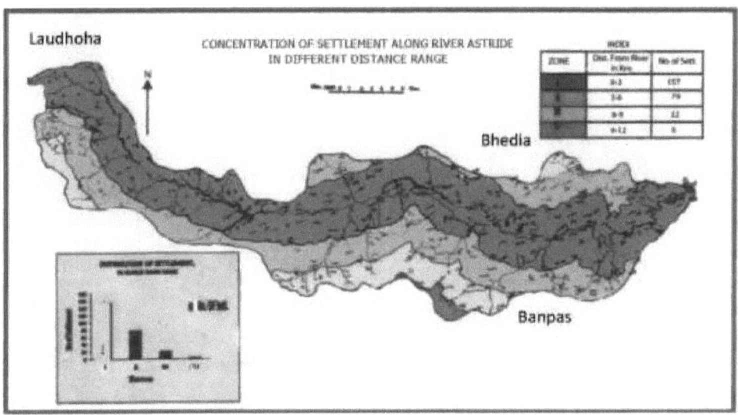

Fig: 3.3 *Concentração de povoamento ao longo do rio em diferentes distâncias*

Agora é feito um mapa de zoneamento da bacia do rio Kunur com base na distância do rio para ver onde se concentram mais as povoações, se perto ou longe do rio. A partir deste modelo, é possível identificar a relação (entre o homem e o rio), seja ela positiva ou negativa.

De acordo com a escala do mapa, a distância de três quilómetros em linha reta é tomada para fazer o zoneamento. Assim, a zona 1 é considerada como estando a três quilómetros de distância do rio em ambos os lados. Em seguida, a zona 2 é considerada como estando entre três e seis quilómetros de distância do rio e assim por diante. Desta forma, são identificadas quatro zonas. De seguida, calcula-se a área de cada zona e conta-se o número de povoações. No passo seguinte, calcula-se a densidade de povoamento para cada zona (ver Tabela: 3.1).

Tabela:3.1 Concentração da povoação ao longo do rio Kunur Astride

Zona	Dist. do rio (Em Km)	Área (em km2)	N.º de liquidação.	Densidade da povoação. Por km2.
I	0-3	348	157	0.451149
II	3-6	215	79	0.367442
III	6-9	78	22	0.282051
IV	9-12	7	6	0.857143

A partir da Fig:3.3, bem como da Tabela:3.1, pode-se ver que a zona-I, zona-II, zona-III, zona-IV cobrem a área de 348 km, 215 km, 78 km e 7 km, respetivamente. Assim, verifica-se que a área máxima se situa nas três primeiras zonas. Entre estas três zonas, a densidade de povoamento é máxima na zona I (0,45), seguindo-se a zona II (0,37) e a zona IV (0,28). Isto indica que existe uma relação positiva entre a povoação e o rio.

Embora haja problemas de inundações e devido a este problema algumas povoações foram deslocadas, como Kantatikuri, Chinchura, etc., mas até agora há tendências para viver perto do rio, o que também foi denotado pelo modelo de ponto de gravidade anteriormente e que também se reflecte através do inquirido do inquérito de campo realizado.

3.3. *Frequência de liquidação:*

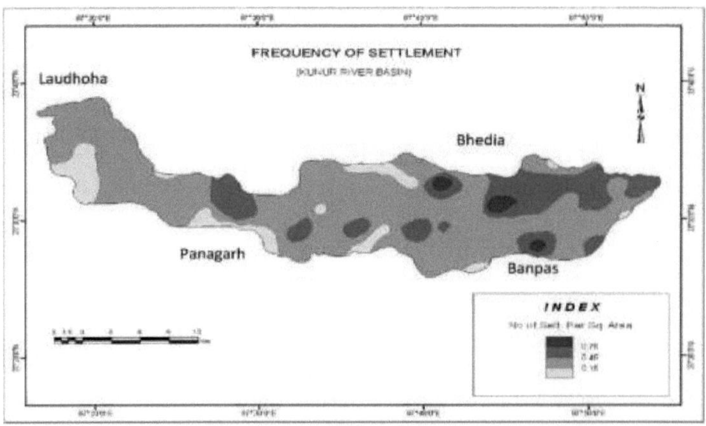

Fig: 3.4 *Frequência de assentamento*

A frequência de povoamento é o número total de povoamentos presentes numa unidade de área. Este modelo é usado para indicar onde os assentamentos estão mais concentrados.

Metodologia:

> Construção de grelha (3Km. X 3Km.) da área da bacia.

> É recolhido o número total de liquidações (£Sn) numa grelha.

> A frequência de assentamento por quilómetro quadrado é calculada com a ajuda da seguinte fórmula

$$Sf=ISn/A$$

Onde Sf= Frequência de assentamento

£Sn=Número total de grelha A= Área

Interpretação:

As povoações estão mais concentradas na bacia inferior do rio Kunur do que na parte média e superior da bacia. Na parte norte da bacia inferior, as povoações estão mais concentradas (i.e. - .45- .75/sq. Km. e acima).

Como se sabe, a potencialidade hidrológica de um rio é máxima perto do seu ponto de confluência ou região da bacia inferior e a povoação máxima localizada na área da bacia é uma aldeia (à exceção de Durgapur e Guskara), a principal atividade económica é baseada na agricultura, onde o papel do rio é significativo, uma vez que fornece água para irrigação. Produz terras cultiváveis férteis através do processo de sedimentação e assim por diante. Pode ser a causa da alta concentração de povoamento aqui. Assim, deste ponto de vista, também é claro que existe uma relação significativa entre o rio e os habitantes das margens.

Capítulo 4

PERCEPÇÃO DOS HABITANTES DAS MARGENS SOBRE O RIO KUNUR

Neste capítulo, as percepções dos habitantes

recolhidas em aldeias selecionadas pelo autor foram

anotadas

Com base no questionário que se segue, continuo o meu inquérito. Para o inquérito de campo, selecionei seis povoações ou aldeias, nomeadamente Jhanra na bacia superior, Telipara e Piariganj no meio da bacia do rio e Donaipur, Kucharidanga (Kolaidanga) e Kogram na bacia inferior do rio Kunur.

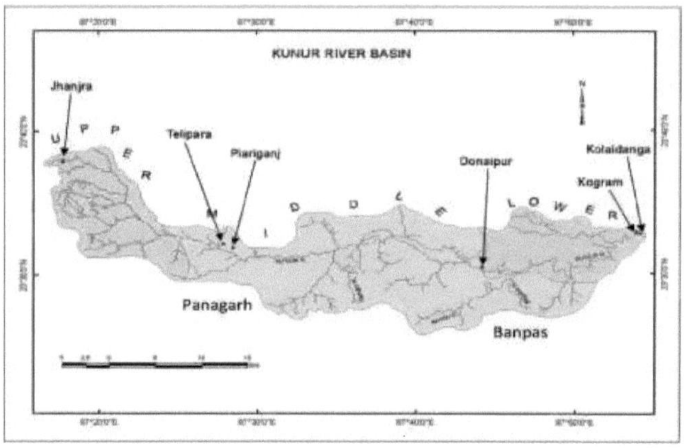

Fig: 4.1 Localização das aldeias selecionadas.

Questionário

1. Nome do requerido:

2. Nome da aldeia:

3. Distância do rio ao The Village:

. a. A água está disponível no rio durante todo o ano? Sim [ ]   Não [ ]

b. Quanto (em caso afirmativo):

. a. A água aumenta no rio?   Sim [ ] Não[ ]

b. Em caso afirmativo, em que mês/tempo:

6. a. Ocorrência de inundação: Comum [ ] Ocasionalmente [ ] Traseiro [ ] Não [ ]

b. Se ocorrer uma inundação, em que altura:

c. O que fazer em caso de inundação?

7. Utilizações do rio:[Assinalar (V) a que for aplicável]

a.   Irrigação: [ ]

b.   i. Banho (seres humanos):   [ ]

ii. Banho (animais domésticos):   [ ]

c.   Qualquer florestação programada na margem do rio: [ ]

d.   Pesicultura: [ ]

e.   Outros: [ ]

8. Qualquer tradição ou programa relacionado com o rio:

9. a. O rio muda o seu curso?   Sim [ ]   Não [ ]

   b. Em caso afirmativo, quanto e em que direção:

10.a. Qualquer projeto fluvial: Governo [ ] ONG [ ] Outro [ ] NA [ ]

b. Descrição do projeto:

11.a. Desenvolvimento ou degradação do rio: Desenvolvimento [Degradação [ ]

12.Qualquer história sobre o rio:

13.A vossa opinião sobre o desenvolvimento do rio para o desenvolvimento do povoamento:

14.Porque é que o rio é Kunur?

15.Qualquer nome local do rio Kunur:

16.Melhor localização do Assentamento na sua opinião: Perto do rio [ ] Longe do rio [ ]

Local1:Jhanjra

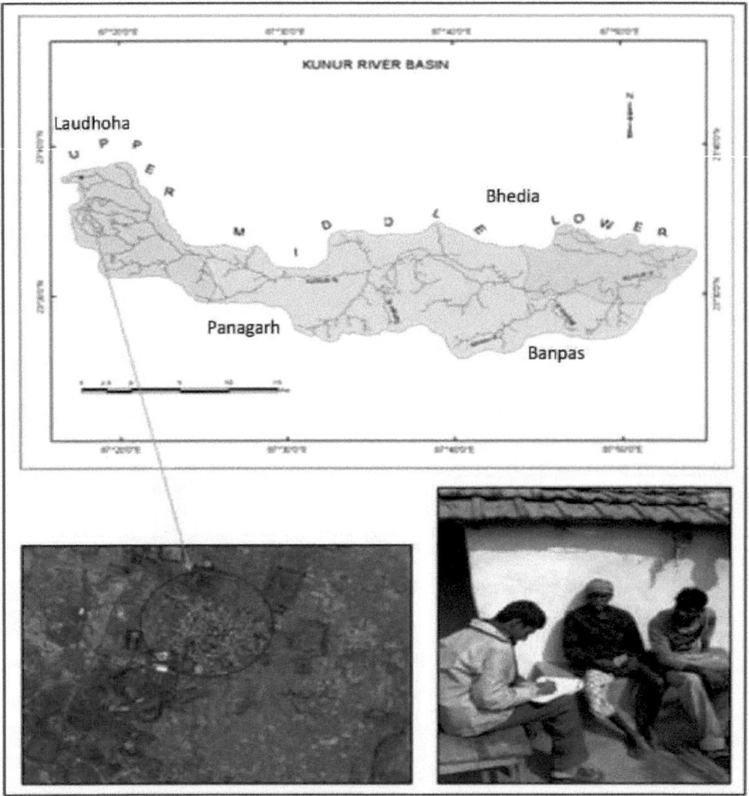

Fig: 4.2 Aldeia de Jhanjra

Jhanjra, a aldeia está situada na nascente do rio Kunur. De acordo com o inquirido, há pouca água no rio durante todo o ano, mas na estação das chuvas essa quantidade aumenta. Por vezes, os campos agrícolas ficam debaixo de água e a estrada também é afetada pelas cheias.

A única utilização do rio é para fins de irrigação, que também é muito insignificante.

Os aldeões nunca pensam em qualquer projeto centrado no rio porque acreditam firmemente que isso irá prejudicar o campo ou o terreno e a biodiversidade.

A crença pode ter origem na história da criação do rio Kunur. A história é a seguinte

"Era uma vez uma grande lagoa chamada 'Mitti-shayer'. Havia uma pedra grande ao lado da lagoa. Um homem que costumava trabalhar como operário na casa de um homem na aldeia de Kumardihi, a 3 ou 4 km. de distância do 'Mitti-shayer'. Um dia, ao fim da tarde, o trabalhador regressava à casa do seu patrão com a pule. Estava tão cansado que se deitou na pedra do 'Mitti- shayer' e costumava afiar a sua pule esfregando-a na pedra. Passado algum tempo, foi para a casa do mestre. Na casa do mestre, houve uma cena mágica e todos viram que a pule, que era feita de ferro, se transformou em ouro. Então as pessoas ficaram a saber que a pedra de 'Mitti- shayer' é uma pedra mágica conhecida como 'Paras Moni'. No dia seguinte, o povo de Kumardihi foi ter com Mitti-shayer para lhe trazer a pedra mágica, mas esta foi para o Ganges e formou-se o rio Kunur".

Por isso, as pessoas pensam que se perturbarem o rio com qualquer projeto, isso pode não ser bom para elas.

Algumas pessoas pensam que o rio é muito pequeno para fazer qualquer tipo de trabalho. Isso também visto pelo escritor, o rio tem mais ou menos 5' de largura nessa região.

O rio existe aqui há muito tempo sem qualquer alteração. Não consigo encontrar nenhuma festa centrada no rio ou qualquer tipo de práticas.

Local 2: Telipara

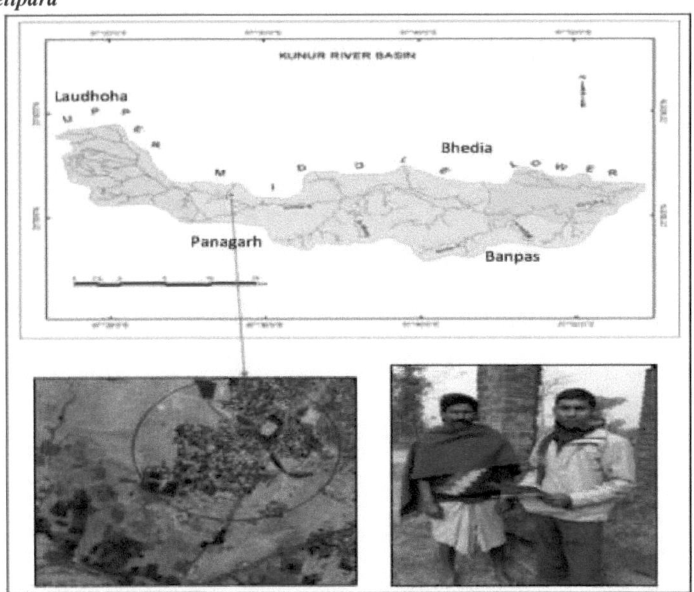

Fig: 4.3 Aldeia de Telipara

Telipara é a aldeia situada na parte central da bacia do rio Kunur, a cerca de 1 km de distância do rio.

Os habitantes da aldeia deram-me muitas informações sobre o nome da aldeia e sobre o rio , que são as seguintes

Há muito tempo, existia o "Teler ghani" (lagar de azeite), que era explorado por um grupo de pessoas com o apelido de "Gorai". Assim, do termo bengali "Tel" resulta o nome "Telipara".

Existe uma quantidade razoável de água durante todo o ano, mas só na estação das chuvas é que aumenta. Por vezes, cobre os terrenos agrícolas mas não chega à aldeia. Nessa altura, as colheitas são gravemente afectadas.

As cheias ocorrem ocasionalmente, tendo a última ocorrido em 2000, altura em que a estrada e os terrenos agrícolas foram gravemente afectados. Um facto importante é o desaparecimento da aldeia de Chenchura devido às inundações, tendo a população mudado para Telipara e para a aldeia vizinha de Piariganj.

Embora ocasionalmente ocorram aqui inundações, a boa notícia é que não houve aqui qualquer acidente.

Utilização do rio

1. Irrigação - com a ajuda do projeto de irrigação River Pump, bem como de um conjunto de bombas pessoais.

2. Os seres humanos tomam banho ocasionalmente, assim como os animais domésticos, como vacas, bois, búfalos, cabras, etc.

3. A margem do rio é utilizada para a florestação programada.

4. A pesca é também uma atividade comum relacionada com o rio.

5. Recolha de areia do leito do rio desde há 8 a 9 anos.

6. Uma parte selecionada da margem do rio é utilizada como cemitério e local de cremação.

7. Assim, o rio está a desempenhar um papel importante ao sincronizar dois povos religiosos.

Existe um Kali Mandir incompleto. Há muito tempo (há 16-17 anos), a única festa relacionada com o rio era a puja de Kali na noite de "Magha mas". Infelizmente, parou devido a problemas financeiros e de sistema.

O rio existe aqui sem mudar a sua forma grosseira, apenas o desenvolvimento é que o tornou mais largo e mais profundo atualmente. De lado a lado, o rio também se degradou em certa medida. Há muito tempo, a água do rio era utilizada para beber, mas agora está poluída. Uma pessoa disse: "Era tão doce, mas agora está a menos e a água também cheira mal".

Recomendação dos habitantes da aldeia:

> Construção de uma pequena barragem para armazenar água para fins de irrigação, principalmente na estação seca.

Local 3: Piariganj

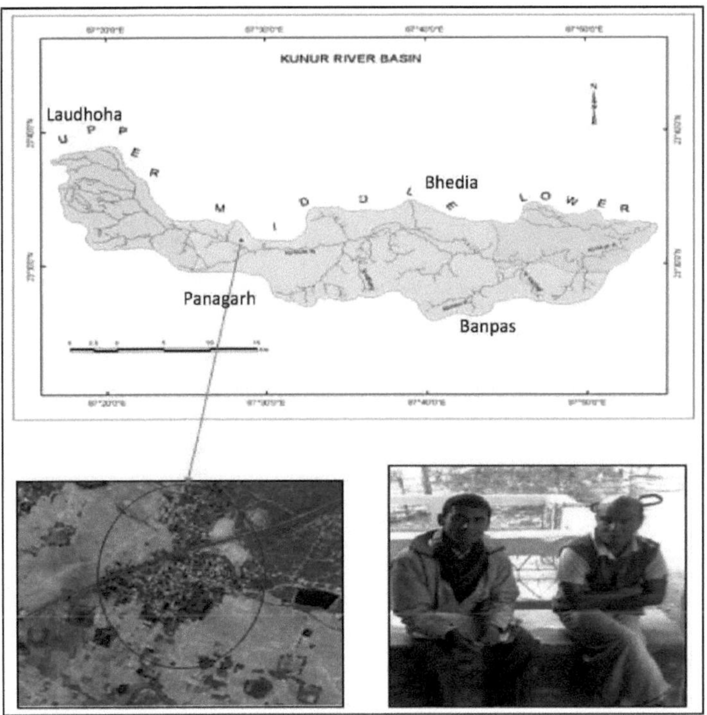

Fig: 4.4 Aldeia de Piariganj

Piariganj, a aldeia está situada na parte superior da bacia média do rio Kunur, a cerca de 1 km de distância do rio. Os aldeões estão muito satisfeitos com a localização da sua aldeia. Falam alegremente comigo e ajudam-me fornecendo muitas informações sobre a história da aldeia, bem como muitas informações relacionadas com o rio.

O aldeão disse: "Era uma vez a honorável rainha de Burdwan, Parikumari, que ia para norte por este caminho. Nessa altura, não havia aqui qualquer povoação. Ao fim da tarde, a rainha montou aqui a sua tenda para descansar e passar a noite. A partir dessa altura, a povoação cresceu e recebeu o nome de "Pariganj", seguindo o nome da honorável Rainha. O nome 'Pariganj' transformou-se em 'Piariganj' ao longo do tempo".

De acordo com o inquirido, a água está disponível no rio durante todo o ano. No máximo, a profundidade da água é de mais ou menos 1 pé', mas aumenta na estação das chuvas. As cheias não são muito frequentes aqui e, razoavelmente, não se registaram aqui quaisquer acidentes.

Utilização do rio:

- Irrigação através de um projeto de irrigação por elevação do rio, bem como de um conjunto de bombas pessoais.

- Utilização para o banho: Há muito tempo, as pessoas costumavam tomar banho no rio, mas agora deixaram de o fazer devido à poluição da água, sendo apenas utilizado para animais domésticos.

- Há muito tempo, a água do rio era utilizada para beber, mas agora não.

- A margem do rio é utilizada para o programa de florestação através do projeto NREGA.

  - A pesca é praticada sobretudo na estação das chuvas. As práticas tradicionais centradas no rio, como

  # Tusu Bhasan

  # Naba Patrika

Makar Snann

O rio existe aqui há muito tempo sem qualquer alteração do seu curso, apenas se tornou mais largo e mais profundo, mas a qualidade da água do rio degradou-se devido à poluição. O inquirido afirmou que as águas residuais da cintura industrial de Durgapur são a causa desta situação.

Recomendação dos habitantes da aldeia:

> Construção de uma pequena barragem para armazenar água para irrigação e para o cultivo de

peixes.

> Estabelecimento de uma indústria turística ao lado da barragem, uma vez que a vista natural é muito agradável neste local.

> Construção de uma pequena indústria que utilizará a água do rio, o que ajudará a preservar as águas subterrâneas.

Sítio4:Donaipur

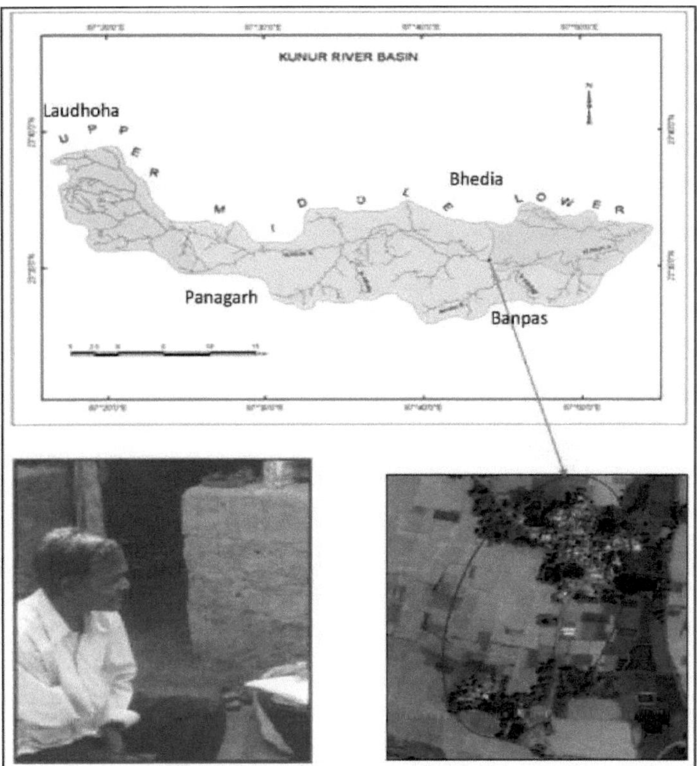

Fig: 4.5 Aldeia de Donaipur.

Donaipur, a aldeia está situada na parte superior da bacia inferior do rio Kunur, a 1/2 km do rio.

De acordo com o inquirido, a água não está disponível durante todo o ano. O rio torna-se um canal seco logo após o mês de dezembro. A água aumenta na estação das chuvas. Todos os anos, na estação das chuvas, é comum a ocorrência de cheias. Em 2000, as pessoas da zona baixa refugiaram-se na linha férrea e no telhado do edifício da escola.

Utilização do rio:

> Irrigação

> Utilizado para o banho (tanto de seres humanos como de animais domésticos)

> Pesca (principalmente na estação das chuvas)

> O solo é recolhido do leito do rio e é utilizado pelo oleiro, que faz principalmente pequenos vasos com este solo.

> Aqui, uma prática tradicional centrada no rio (ou seja, Surja Puja) tem continuado desde há muito tempo.

> Qualquer projeto governamental ou não governamental não foi visto aqui.

Recomendação dos habitantes da aldeia:

> Construção de uma barragem para armazenar água para irrigação.

> Execução do projeto de controlo das inundações.

Sítio5: Kogram

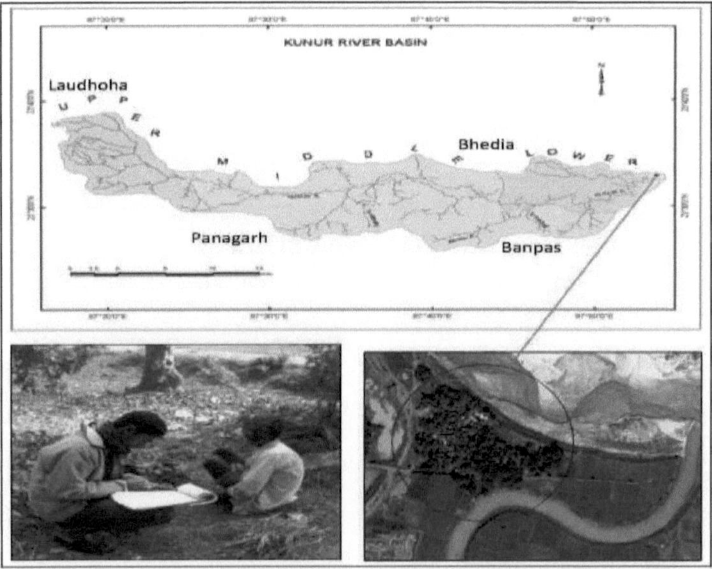

Fig: 4.6 Aldeia de Kograrm.

Kogram, a aldeia está situada na confluência do rio Knur. A localização da aldeia é notável. Situa-se na margem direita do rio Ajoy e na margem esquerda do rio Kunur. De facto, é aqui que o rio Kunur se encontra com o rio Ajoy.

A aldeia existe aqui com a sua história gloriosa, como a casa do grande poeta Kumudranjan Mollick e é o local do famoso Baisnab "Lochondas Mahapravu".

Placa: 4.1 Casa do poeta Kumudranjan Mollick

*Placa: 4.2 O **grande cemitério** "Boisnov" "Mahaprovu Lochondas*

O aldeão disse que não há água disponível no rio durante todo o ano. O rio fica seco logo após o mês de março **ou** abril. A água <u>aumenta na estação das chuvas, altura em que o rio **se torna a**</u>

causa de agonia devido às cheias, que são muito comuns aqui. Os rios Kunur e Ajoy são os responsáveis pelas cheias. Na altura das cheias, os habitantes da aldeia costumavam abrigar-se no telhado da escola ou de um edifício pessoal. Nessa altura, passavam a vida com a ajuda do Governo. As grandes cheias ocorreram nos anos de 1963, 1980, 1985 e 2000. A população diminuiu aqui devido ao efeito das cheias. Algumas famílias mudaram-se para uma aldeia próxima para evitar o efeito das cheias. Apesar de as cheias serem um fenómeno comum, felizmente não houve nenhum acidente aqui.

Utilização do rio:

> Irrigação

> Utilizado para o banho (tanto de seres humanos como de animais domésticos)

> Pesca, etc.

Não existe qualquer tipo de festa centrada no rio ou algo do género. Também não existe qualquer tipo de projeto.

Segundo o inquirido, o rio aproxima-se ligeiramente da aldeia e torna-se mais largo e mais profundo.

Apesar de as cheias serem frequentes nesta zona, os restantes habitantes não querem deixar a aldeia porque o local é sagrado e pacífico para eles. Os aldeões não querem qualquer tipo de projeto porque pensam que será mais problemático para eles. Neste contexto, pode referir-se que os aldeões se opõem à construção de um aterro em Ajoy numa parte da aldeia que foi arrastada pelas cheias de 2000.

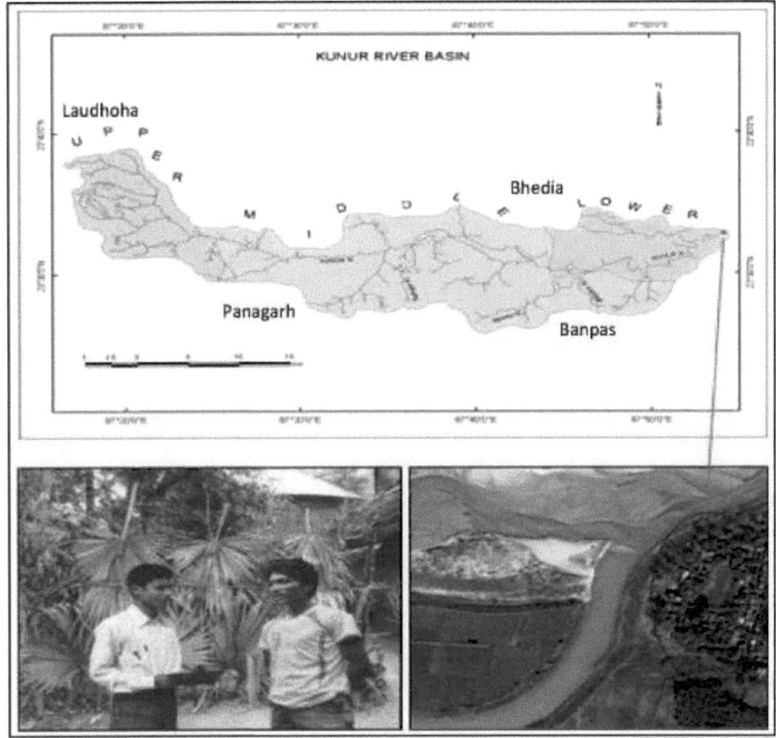

Fig: 4.7 Aldeia de Kolaidanga (Kucharidanga).

Kolaidanga é uma aldeia situada na margem direita do rio Kunur, no seu ponto de confluência. No mapa topográfico, o nome da aldeia era Kuchari danga, mas agora transformou-se em kolaidanga.

A aldeia foi criada após as cheias de 1985, tendo as famílias vindo de Kogram, situada na margem oposta do rio Kunur.

Embora as cheias também sejam comuns aqui, tal como em Kogram, a sua intensidade é bastante baixa. Os aldeões tentam deslocar-se para uma distância segura, mas a sua situação económica não lhes permite.

Utilização do rio:

> Irrigação

> Utilizado para o banho (tanto de seres humanos como de animais domésticos)

> Pesca, etc.

Aqui também não há nenhuma festa relacionada com o rio. Até agora não há nenhum projeto incorporado pelo Governo ou qualquer ONG.

A única recomendação dos aldeões é a criação de um 'Sannan Ghat (local de banho)' no rio.

Capítulo 5

PROBLEMAS E PERSPECTIVAS

Este capítulo inclui principalmente os problemas e as perspectivas do rio

Problema no ponto de vista do Dweller:

São vários os problemas referidos pelos colonos, principalmente na zona média e baixa da bacia.

Alguns deles são

i.   Erosão das margens

ii.   Inundações durante a estação das chuvas

iii.   Degradação da qualidade da água do rio

iv.   O rio torna-se um canal seco durante o verão

A erosão das margens é um problema da parte superior e média da bacia. Mas a intensidade não é tão elevada. Para além disso, os restantes problemas são da bacia média e inferior.

Prospeto em Settlers View:

i.   O ponto de vista dos colonos é muito orientado para a economia. A maior parte deles sugeriu a construção de uma barragem para ligar o rio.

ii.   O excesso de água da estação das chuvas pode ser armazenado na barragem que os protegerá das inundações. A água que foi armazenada na barragem pode ser utilizada para fins de irrigação na estação seca.

iii.   O turismo centrado na barragem pode ser desenvolvido.

iv.   A cultura do Pisi pode ser iniciada na Barragem.

Com a ajuda de todas estas medidas, o nível económico dos colonos aumentará.

CONCLUSÃO

Este capítulo exprime a parte conclusiva

O rio Kunur está situado numa planície. Assim, naturalmente, a pressão da população é elevada (264 povoações). A maior parte das povoações situa-se perto do rio (ou seja, 157 povoações a menos de 3 km do rio), o que indica que existe alguma influência direta ou indireta do rio na povoação.

O mais importante é que os habitantes pretendem utilizar o rio de forma económica, como a construção de uma barragem para armazenar água para irrigação. Eles não estão preocupados com o sustento do rio.

É aqui que reside o verdadeiro facto da destruição dos rios. Por isso, o Programa de Restauração Fluvial deve começar por aqui.

A perceção dos habitantes das margens é muito importante para o sustento do rio. Assim, o ângulo de visão dos colonos da bacia do rio Kunur deve ser alterado para que o rio sobreviva feliz com os seus habitantes das margens.

BIBLIOGRAFIA

Abrahams, M. J. Price, J. Whitlock, F. A. e Williams, G. (1974). The Brisbane floods, their impact on health, pp. 2:936- 939

Agarwal, A. & Narain, S. 1996. Floods, Floodplains and Environmental Myths (Inundações, planícies aluviais e mitos ambientais). State of India's Environment: A Citizen Report, Centro para a Ciência e o Ambiente, Nova Deli.

Altman, I. Low, S.M. (1992). Place Attachement. Nova Iorque: Plenum press.

Basu, S.R. e R.B. Ghosh (eds). 2004. Contemporary Environmental Issues of Bengal Basin (Questões Ambientais Contemporâneas da Bacia de Bengala). Calcutá: ACB.

Chakraborty, S. (2004). Estudo da situação das cheias do rio Mayurakshi abaixo da barragem de Tilpara: An Overview. Dissertação de mestrado, Universidade Visva Bharati 2004.

Chattopadhyay, Akkori, *Bardhaman Jelar Itihas O Lok Sanskriti* (History and Folk lore of Bardhaman District.), **(Bengali)** , Vol I, p 35, Radical Impression. ISBN 81-85459-36-3

Chuwdhury, E.H. (1988). Human Adjustment to River Bank Errosion Hazard in the Jamuna Floodplain Bangladesh (Adaptação humana ao risco de erosão das margens do rio na planície de inundação do Jamuna). Ecologia Humana 16 (4):421-437

Darjosanjoto,e.t.s. Nugroho, S. (2015).CRITÉRIOS DE DESENHO PARA O ESPAÇO ABERTO NA ÁREA DO BANCO DO RIO EM KAMPUNG WONOREJO TIMUR, Revista Internacional de Educação e Pesquisa Vol. 3 No. 4.

Debnath, G.C. e Mondal, P. (2013).Avaliação Ecogeomorfológica: Um estudo de caso sobre a degradação da terra do distrito de Birbhum, Electronic International Interdisciplinary Research Journal, Vol. II, Issues - V pp. 17-29.

Debnath, G.C. e Mondal, P. (2013). Degradação da água do distrito de Birbhum, pensamentos de pesquisa dourada, volume 2, edição. 11.

Manual do recenseamento distrital de Burdwan 2003

Efe, S.I. & Aruegodore, P. (2003), Aspect of microclimates in Nigerian Rural Environment: The Abraka Experience, Nigéria. Journal of Research and Production, Vol. 2, No. 3, pp. 48 - 57.

Gazdar, H. & Sengupta, S. (1999). Agricultural Growth and Recent Trends in Well-Being in Rural West Bengal. Em Rogaly, B., Harriss-White, B. & Bose, S. (Eds.). (1999). Sonar Bangla? Agricultural Growth and Agrarian Change in West Bengal and Bangladesh. Nova Deli: SAGE.

Hossain, M.N. et.al. (2013). Efeitos das inundações no estatuto socioeconómico de duas terras integradas de char do rio Jamuna, Bangladesh J. Environ. Sci. & Natural Resources, 6(2): 37- 41.

Kowal, N. E e Patiren, H.R. (1982). Efeitos na saúde associados ao tratamento e eliminação de águas residuais. Journal of Water Pollution Control 54:167-174.

Mondal, P. (2014). O alívio e a intervenção humana são a principal razão para a inundação e a seca: A Case Study of Birbhum, Online International Interdisciplinary Research Journal, {Bi-Monthly}, Vol-IV, Jan 2014 Special Issue.

Mrowka, J.P. (1974). Man's Impact on Stream Regimen and Quality (O Impacto do Homem no Regime e Qualidade dos Cursos de Água). Em Manners, I.R. & Mikesell, M.W. (Eds.). (1974). Perspectives on Environment. Washington D.C.: Association of American Geographers.

Mukhopadhyay, M., Mukhopadhyay, S. (1991) River Geography, Indian Progressive Publisher Ltd. Kolkata, p. 188.

Mukhopadhyay, M., A project Report on Impact of flood on Bank Dwellers of Mayurakshi River-A Socio-Economic Perception study, Akhil Bharat Bhuvidya Parisad Samiti [2001].

Mukhopadhyay,M, Nandi,P. Projeto DST 2005. Departamento de Geografia, Visva-Bharati

Mukhopadhyay, M., S. Mukhopadhyay e M. Mukherjee. 2006. Study of River Pollution: Some Examples from Eastern India. Kolkata: ACB.

Okumagba, P. O. e Ozabor, F. (2014). Os efeitos das atividades socioeconômicas no rio Ethiope, Journal of Sustainable Society Vol. 3, No. 1, 2014, 1-6

Otto, Betsy. McCormick, Kathleen. & Leccese, Michael. (2004). Ecological Riverfront Design: Restoring Rivers, Connecting Communities, American Planning Association, Planning Advisory Service Report Number 518-519.

Postel, S. Richter, B. 2003. Rivers for Life: Managing Water for People and Nature, Island Press, Washington, Londres, Covelo.

Putra, Dimas Widya. Nugroho, Setyo. Darjosanjoto, Endang Titi Sunarti. (2014). O papel da área ribeirinha como espaço comunitário na cidade de Surabaya, estudo de caso: Kampung Jambangan e Kampung Keputran, Simpósio da Grande Rua Asiática, Universidade Nacional de Singapura (NUS), Singapura. Pp.78-82.

Singh, S., Sharma, H.S., De, S. (2004) Geomorphology and Environment, Acb Publications, Kolkata, India, pp. 86-106.

Wohl, E. 2005. Virtual Rivers: Understanding Historical Human Impacts on Rivers in the Context of Restoration (Compreender os Impactos Humanos Históricos nos Rios no Contexto da Restauração). Ecologia e Sociedade 10(2): 2. [em linha] URL: http://www.ecologyandsociety.org/vol10/iss2/art2/

APÊNDICE

Quadro-1 Nome das aldeias na bacia do rio Kunur

Bacia do rio Kunur.

Sl. Não.	Nome da aldeia	Sl. Não.	Nome da aldeia	Sl. Não.	Nome da aldeia	Sl. Não.	Nome da aldeia
1	Thaibani	36	Kuldiha	71	Padema	106	Samantapara
2	Jhanjra	37	Karamdanga	72	RAibandh	107	Namotilta
3	Jamgara	38	Bardoba	73	Jhinjira	108	Upartilta
4	Madhaiganj	39	Charaldanga	74	Parisha	109	Banpara
5	Khatgoria	40	Sarenga	75	Maukamta	110	Meledanga
6	Banshgara	41	Pathardiha	76	Nabandhar	111	Kumarganj
7	Bansia	42	Bhalukkunda	77	Durgapur	112	Jadavganj
8	Kalikapur	43	Kanderkona	78	Labandhar	113	Goalpota
9	Pratappur	44	Santalpara	79	Raghudanga	114	Chak Rdhamohonpur
10	Baragoria	45	Sundiara	80	Bhathunda	115	Radham ohonpur
11	Katabera	46	Lagnapara	81	Premganj	116	Hargoriadanga
12	Hetedoba	47	Darardanga	82	Dambandhi	117	Deyennagar
13	Basanlbera	48	Damra	83	Chhologureh	118	Karotia

14	Pahari	49	Garajaha	84	Shyomsundarpur	119	Sokadanga
15	Ghatguro	50	Kamkra	85	Gopalmat	120	Gopinathpur
16	Shyampur	51	Chandipur	86	Durgapur	121	Belemath
17	Nachan	52	Koicha	87	Kitatundpara	122	Ban Nabagram
18	Parulia	53	Rakona	88	Raniganj	123	Sagrai
19	Kamalpur	54	Debsala	89	Kuldiha	124	Deolbandh
20	Raghunathpur	55	Adharshuli	90	Babuisal	125	Gayabandh
21	Sobhapur	56	Telipara	91	Ramharipur	126	Babubandh
22	Bijra	57	Bandhdanga	92	Barachatra	127	Chhora
23	Parahganj	58	Piariganj	93	Gopaldanga	128	Dhankora
24	Mojarkonta	59	Chenchura	94	Mirsha	129	Bhuenra
25	Pardai	60	Dhantorra	95	Purbatati	130	Dariapur
26	Haribazar	61	Ramchandrapur	96	Ramchandrapur	131	Dinanathpur
27	Chapadanga	62	Arjuni	97	Dangapara	132	Shrikrishnapur
28	Jemua	63	Larkunda	98	Bamanpur	133	Nripatnagar
29	Dhabai	64	Pilang	99	Nafarganj	134	Kurumba

30	Akandara	65	Ramgakhila	10 0	Buburbagh		135	Bijoypur
31	Kaliganj	66	Anjunulia	10 1	Dhamdanga		136	Biluti
32	Shankarpur	67	Jalikamdar	10 2	Lakshinarayanpur		137	Beranda
33	Phuljhari	68	Phulbagan	10 3	Pratappur		138	Joykrishnapur
34	Rupganj	69	Goalpara	10 4	Koniarkhola		139	Pichkuri
35	Malandighi	70	Hedogaria	10 5	Sapmaradanga		140	Ukts

Sl.N o.	Nome da aldeia	Sl.N o.	Nome da aldeia	Sl.N o.	Nome da aldeia		Sl.N o.	Nome da aldeia
141	Nabagrama	172	Guskara	23	Daura		234	Kolyanpur
142	Basantpur	173	Galigrama	204	Kanpur		235	Pilsua
143	Babubandh	174	Shitalgram	205	Jaladgra m		236	Darsina
144	Parashura mpur	175	Keshabpur	206	Berua		237	Birknanda
145	Soyara	176	Gobindapu r	207	Barmallik		238	Sukpukhu ria
146	Warishpur	177	Aima	208	Mahata		239	Gopalpur
147	Dokhalganj	178	Alamdanga	209	Dudhbag e		240	Bhinbini

148	Alefnagar		179	Taparpur		210	Shikarpur		241	Noapara
149	Ausgram		180	Bishnupur		211	Kucharid anga		242	Joyrampur
150	Majnergram		181	Shibbati		212	Salkuni		243	Barupara
151	Majhipara		182	Digha		213	Nunadan ga		244	Balidanga
152	Somaipur		183	Ramnagar		214	Nurpur		245	Chhaland a
153	Alutia		184	Kantatikuri		215	Aogramas		246	Narayanp ur
154	Lakshmiga nj		185	Punnanaga r		216	Ka ripur		247	Chanak
155	Dharapara		186	Dangal		217	Nurpur Majipara		248	Krishnapur
156	Gopinathba ti		187	Debnaraya npur		218	Debpur		249	Gobindap ur
157	Dariapur		188	Dharampur		219	Soipur		250	Ágar Kasheman
158	Vai		189	Keleti		220	Jharul		251	Gatistha
159	Henedanga		190	Donaipur		221	Radhana gar		252	Banniadih
160	Bijoypur		191	Kamalnaga r		222	Mandarim		253	Amdob
161	O que é o "Hatkirtinag ar		192	Sorangapu r		223	Chandra		254	Kutalghosh

162	Dignagar	193	Mallikpur	224	Deulia	255	Chakda
163	Aligrama	194	Barulia	225	Kamalpur	256	Buraco
164	Radhamoh onpur	195	Irsanda	226	Jaharpur	257	Lakhuria
165	Shibda	196	Ganpur	227	Mangalko te	258	Baragrama
166	Beledanga	197	Jalpara	228	Kograma	259	Janga
167	Kanthaldan ga	198	Uzirpur	229	Aral	260	Paligrama
168	Amdanga	199	Chak parag	230	Atgara	261	Nabagrama
169	Orgrama	200	Dangsara	231	Mallikpur	262	Tikuri
170	Nuta	201	Ramchand rapur	232	Sitahati	263	Dhoadanga
171	Itachanda	202	Chatandan ga	233	Khatlar	264	Baulbari

Tabela-2 Frequência de liquidação.

Grelha	Sn	A (km2)	Sf	Grelha	Sn	A (km2)	Sf	Grelha	Sn	A (km2)	Sf
Al	2		0.22	E7	5		0.56	F21	2		0.22
A2	-		-	E8	3		0.33	G5	-		-
A3	2		0.22	E9	3		0.33	G6	-		-
B1	2	3X3=9	0.22	E10	3	3X3=9	0.33	G7	1	3X3=9	0.11
B2	3		0.33	Ell	4		0.44	G8	1		0.11
B3	3		0.33	E12	-		0.33	G9	5		0.56
B4	1		0.11	E13	1		0.11	G10	2		0.22
Cl	3		0.33	E14	7		0.78	G11	6		0.67

C2	-	0.11	E15 i2	-	0.22	G12	1	0.11
C3	2	0.22	E16	5	0.56	G13	5	0.56
C4	-	0.22	E17	6	0.67	G14	1	0.11
D1	-	-	E18	5	0.56	G15	4	0.44
D2	1	0.11	E19	6	0.67	G16	3	0.33
D3	3	0.33	E20	4	0.44	G17	2	0.22
D4	3	0.33	E21	6	0.67	G18	4	0.44
D5	1	0.11	F4	-	-	G19	2	0.22
D6	2	0.22	F5	2	0.22	G20	1	0.11
D7	-	-	F6	1	0.11	H8	1	0.11
D9	-	-	F7	5	0.56	H9	3	0.33
D10	4	0.44	F8	4	0.44	H10	2	0.22
D11	1	0.11	F9	4	0.44	H11	1	0.11
D12	1	0.11	F10	1	0.11	H12	2	0.22
D13	2	0.22	F11	3	0.33	H13	4	0.44
D14	-	0.22	F12	2	0.22	H14	4	0.44
D17	-	0.22	F13	3	0.33	H15	2	0.22
D18	1	0.11	F14	2	0.22	H16	2	0.22
D19	-	-	F15	3	0.33	H17	7	0.78
E2	-	-	F16	12	1.33	H18	3	0.33
E3	3	0.33	F17	5	0.56	H19	5	0.56
E4	4	0.44	F18	4	0.44	113	-	-
E5	3	0.33	F19	6	0.67	114	4	0.44
E6	4	0.44	F20	4	0.44	115	1	0.11

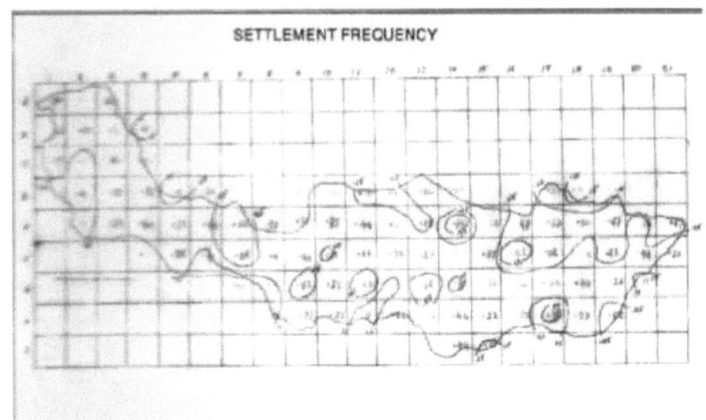

More
Books!

Printed by Books on Demand GmbH, Norderstedt / Germany